湖北省公益学术著作出版专项资金
Hubei Special Funds for Academic and Public-interest Publications

我身边的自然课

WO SHENBIAN DE ZIRAN KE

花儿

HUAR

刘宏涛
张莉俊 主编

扫码听讲读

長江出版傳媒
湖北九通电子音像出版社

目录

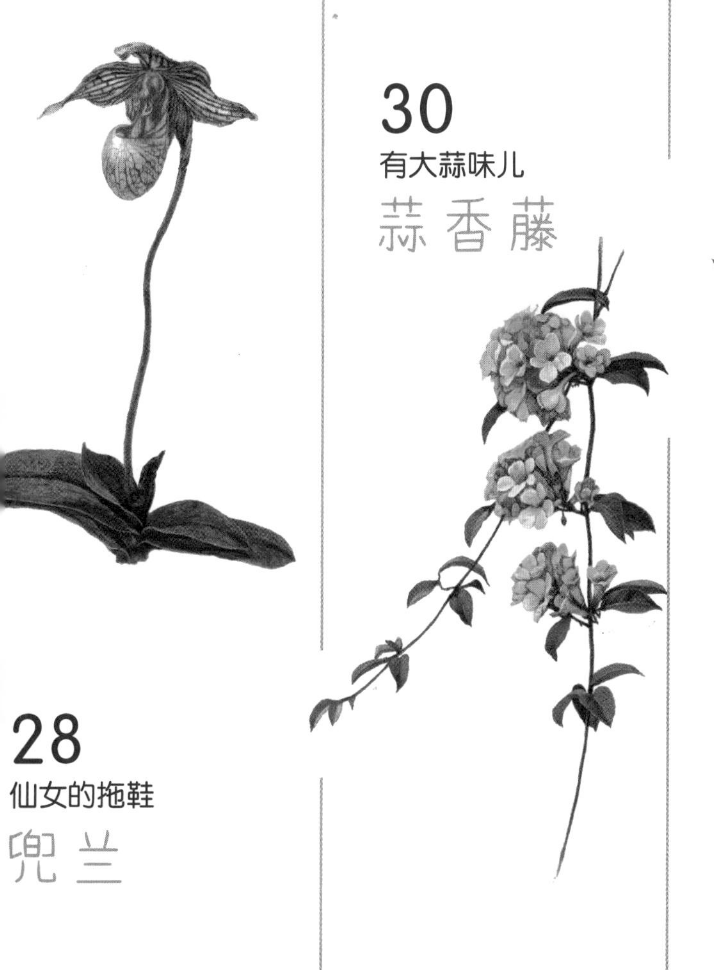

54
像个马铃铛
马兜铃

58
排解忧思的忘忧草
萱草

52
米饭调色剂
密蒙花

56
一生只开一次花
龙舌兰

62
可以来染色
栀子

60
有长长的“尾巴”
地锦苗

凤仙花

藏着小魔法

姓名：凤仙花　　昵称：指甲花、急性子、凤仙透骨草

家族：凤仙花科凤仙花属　　花期：7—10月　　果期：10—11月

老家：印度东部、南部　　用途：药用、食用、观赏

夏天的荒野里，常常生长着一种美丽的植物——细长的椭圆形叶子边缘都是小锯齿，不过摸起来不扎手；盛开的花朵像一只只展翅欲飞的凤凰；毛茸茸的果实，两头尖尖的，里面装满了圆圆的黑褐色种子，它就是凤仙花。阳光下，白色、粉色、红色、紫色的花朵立在粗壮笔直的茎梗上，微风吹来，花瓣随风摆动，仿佛凤凰在扇动着翅膀，特别漂亮。娇艳动人的凤仙花非常受女生喜爱，它藏着让指甲变漂亮的魔法。

凤仙花炸裂的果实

凤仙花的果实成熟后，只要轻轻触碰就会炸开，里面的种子能弹出很远，这些种子会在其他地方发芽生长。凤仙花果实的性子就是这么着急，所以得了“急性子”这个小名。

在过去没有指甲油的年代，凤仙花就是女生的“指甲油”，让我们一起来做一次自然草木染甲吧。

①收集掉落在地上的新鲜花朵，最好是大红色或紫色的花朵。

②将花瓣摘下洗净沥干，放在小碗里，用研磨棒捣碎。在捣碎的花瓣中放入盐，搅拌均匀。

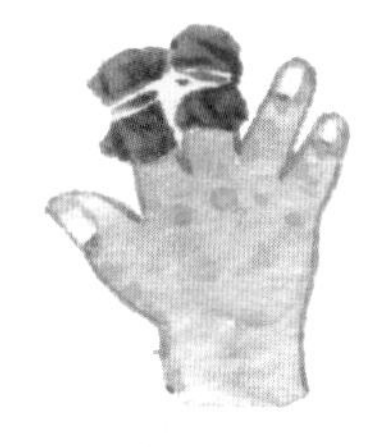

③将花瓣涂在指甲上，用柔软的叶片或者纱布包裹并扎紧，等待一夜。

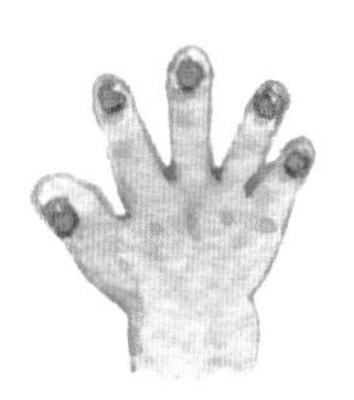

④拆开后，指甲就染好啦。要想颜色更深些，可以反复多染几次。据说染好的指甲颜色可以保持十来天不褪色。

牵牛

姓名：牵牛　　昵称：喇叭花、牵牛花　　家族：旋花科牵牛属

花期：6—10月　　果期：9—10月　　老家：热带美洲

用途：观赏、药用

夏天，在乡村田间、房前屋后常常会见到一种植物：它纤细的茎缠绕在身边的植物或栅栏上，小喇叭形状的花朵，生机盎然；它的叶子有三个裂片，像张开翅膀的小鸟；花儿有蓝色、红色、混合色等多种颜色，还经常像变魔法一样，变换颜色。它就是牵牛。

牵牛花有一个别名叫“勤娘子”。因为它是勤劳的使者，一般在早上四点左右开放。开放时，花蕾慢慢展开，先是像一个立体的小五角星，再张开成旋转的风车，接着扩张成稍大一点的五边形，最后才形成喇叭形的花。它在黎明破晓时绽放，在中午骄阳似火时闭合，又被叫作“朝颜”。

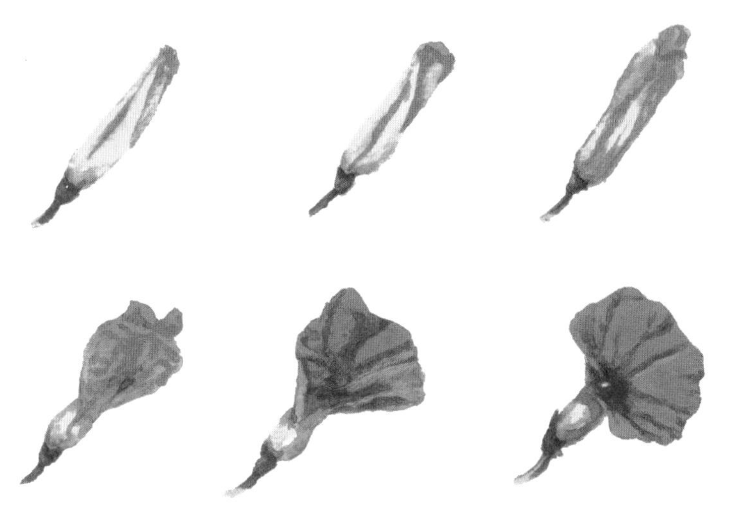

牵牛花为什么会变色？

因为牵牛花体内的花青素，在酸性溶液里呈红色。牵牛花绽放时，对空气中二氧化碳的吸收量逐渐增加，体内的酸性提高，这样，牵牛花就像会变魔法一样，颜色由紫红色逐渐变成红色。

我们来做牵牛花耳环吧！牵牛花盛开时，收集掉落在地上的完整花朵，轻掐绿色的花托，使花托和花瓣分开，接着轻轻一拉，露出花中细细的花蕊，把花蕊夹挂在耳朵上，牵牛花耳环就做好了。快去试试吧！不过要记得，盛开的鲜花可别摘噢。

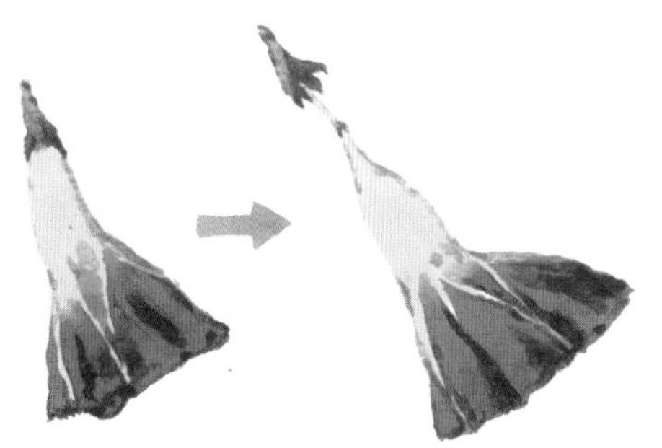

向日葵

向着太阳生长

姓名：向日葵　昵称：葵花、向阳花、朝阳花、向日莲　家族：菊科向日葵属

花期：7—9月　果期：8—9月　老家：北美洲南部、西部及秘鲁和墨西哥北部地区

用途：药用、食用、工业、观赏

你见过向日葵吗？它长出的葵花种子可是我们十分熟悉的美味零食。向日葵美丽的花朵盛开的时候就像一个大圆盘，金黄灿烂，又像一个小太阳，在蓝天下非常好看。向日葵还是重要的油料作物，种子可以用来制作食用油，真是一种宝藏植物啊！

向日葵有一个很有趣的生长现象，它“年幼”的花盘总喜欢昂着头，跟随着太阳的运动轨迹旋转，因此又被人们称作“太阳之花”。原来，向日葵的茎秆内能产生一种奇妙的物质，叫作生长素，这种物质十分调皮，它不喜爱阳光。如果把向日葵的茎秆分成两半，一半是向光侧，一半是背光侧，不喜欢阳光的生长素，当然要躲在茎秆背光的一侧。但是生长素可是会魔法的，它可以使背光的这一侧长得更快；而向光的一侧生长素比较少，会长得慢一些，于是向日葵就向着有阳光的方向弯曲。太阳落山后，生长素受重力的影响重新分布，会使向日葵慢慢地转回起始位置，也就是太阳升起的东方。

盛开后的向日葵花盘越来越重，同时茎秆也慢慢老去，它便不会再追着太阳旋转，而是固定朝向东方。一方面太阳从东方升起，向日葵一大早就能接受阳光照射，可以快速“烘干”夜晚时凝聚的露水，防止生病；另一方面，向日葵面朝东方，也可以避免正午阳光的直射，防止被高温灼伤。你们说，向日葵是不是很聪明呀？

葵花种子是美味的零食

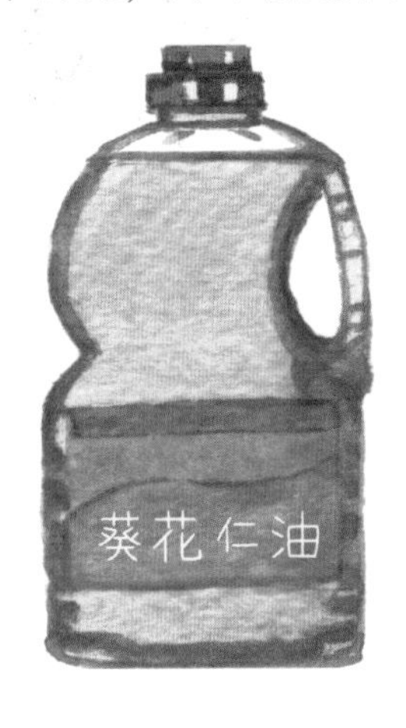

向日葵还是重要的油料作物，种子可以制作食用油。

夜来香

晚上才吐芬芳

姓名：夜来香　昵称：夜香花、夜兰香　家族：萝藦科夜来香属

花期：5—8月　果期：极少结果　老家：中国华南地区

用途：药用、食用、观赏

很多植物都是白天开花，花朵如果有香味也会在白天尽情释放，吸引昆虫们前来传粉。夜来香却不同，它仿佛一个害羞的女孩，白天它的花瓣微微闭合，只有淡淡的香味，当夕阳下落，夜幕来临时，它才会悄悄地张开花瓣，散发出浓烈的香味。

夜来香晚上散发香气可不是真的因为害羞，要知道在夜晚植物花朵的颜色难以展现出来，而浓郁的花香就是有效的路标和指示牌，指引夜行性的昆虫特别是蛾子，或者其他动物前往合适的花朵上进餐，同时为花朵提供传播花粉的服务。

除了观赏，夜来香也是一种半野生蔬菜，它的花能食用，有机会就尝尝吧！

选取夜来香形状饱满、含苞待放的花苞做菜，最为鲜嫩清甜。

夜来香蛋花汤

在水中倒入打散的鸡蛋液，煮开，再将洗净的夜来香放进去，汤重新滚起即可关火。放盐调味后，一道夜来香蛋花汤就做好了，吃起来清甜可口。

夜来香煎蛋

把蛋液搅拌均匀，摊于热锅上，直接撒上适量夜来香，翻面煎熟，吃起来也很可口哟。

夜来香和夜香树名字相近，但其实是两种完全不同的植物。

夜来香原产我国华南地区，来自萝藦科夜来香属家族，是藤本植物。夜香树又叫夜丁香，老家在南美洲，属于茄科夜香树属家族，是常绿灌木。

它们虽然都有香味，但是夜来香的花香清醇宜人，可以盆栽观赏,还可以食用和药用。而夜香树的花气味浓郁，虽然也在晚间开放，但是花朵的气味过浓，久闻会引发头晕，且夜香树的花朵不可以食用！

夜香树

凤眼莲

姓名：凤眼莲　昵称：水葫芦　家族：雨久花科凤眼莲属

花期：7—10月　果期：8—11月　老家：巴西　用途：药用、食用、饲料

在长江流域的夏季，凤眼莲从水面上亭亭立起蓝紫色的花朵，花瓣上的斑纹犹如凤眼般漂亮。绿色的叶子漂浮在水面，叶柄下部膨胀如葫芦，所以它又有“水葫芦”的别称。你别看它外形长得漂亮，郁郁葱葱，其实它有着“水上‘绿魔’”的江湖称号，让水里的鱼儿、虾儿、藻儿“闻风丧胆”，可谓是“臭名远扬”。

凤眼莲是造成严重危害的入侵植物

凤眼莲被列为世界十大害草之一。凤眼莲的繁殖能力特别强，一旦侵入湖泊、河流、水道等淡水水域,便如入无人之境,开始不断“攻城略地”。它能快速覆盖整个水面，降低水体的透光度和溶解氧的浓度，使其他水生植物和水生动物因缺氧、缺光而死亡。在一百多年的时间里，它已遍布世界五大洲、六十多个国家，造成重大危害。

我国也未能逃脱凤眼莲的“魔爪”。二十世纪，凤眼莲被引入我国，在各省作为动物饲料被推广种植。后来全国十多个省市受到凤眼莲的危害，每年至少需要投入上亿元进行人工打捞和处理。

治理凤眼莲的几种方法

一些除草剂对凤眼莲有很好的抑制效果，但是会对水中其他生物造成较大的影响。

引入天敌水葫芦象甲。

通过人工或机械打捞，还可在河流内设置栅栏进行阻隔。

睡莲

水中睡美人

姓名：睡莲　　昵称：水中睡美人　　家族：睡莲科睡莲属

花期：5—9月　　果期：7—10月　　老家：中国、俄罗斯、朝鲜、日本、印度、越南、美国

用途：观赏、做花茶、做鲜切花

夏天，池塘里的睡莲开花了，红的、紫的、蓝的、黄的、白的……像天上的彩虹一样，颜色可真多啊！一朵朵睡莲在阳光的照耀下，散发出夺目的光彩，漂亮极了！花朵之间有蜻蜓来回穿梭，带有小缺口的圆圆叶片上偶尔停歇着小青蛙，夏日的池塘好热闹。

早上太阳出来的时候，睡莲慢慢地张开花瓣，露出笑脸，到了傍晚，太阳落山的时候，睡莲又会慢慢合上花瓣，仿佛进入了梦乡。会“睡觉”的睡莲，被人们亲切地称为“水中睡美人”。

耐寒睡莲

热带睡莲

其实，不是所有睡莲都是“早开晚闭”的。生长在亚热带和温带地区的睡莲，花朵在白天开放，夜间闭合，是因为在夜间可以通过闭合花朵减少热量散失，避免被冻伤。而生长在热带的睡莲，为了不被炎热的太阳晒伤，花朵在白天常常是闭合的，转而在凉爽的夜间开放。你们瞧，植物也是有生活规律的，会随着一天中光照、温度等外界因素的变化而做出相应的变化。

有些睡莲会通过闭合花瓣，将前来“拜访”的昆虫关在花里，使挣扎中的昆虫沾上更多的花粉。直到第二天，睡莲才打开花瓣释放出被“囚禁”的昆虫，达到提高传粉效率的目的。

有些热带睡莲的叶片与叶柄结合处会长出睡莲“小宝宝”，它们依靠叶柄与母体相连获得营养。叶柄腐烂以后，这些“小宝宝”就会脱离母体，自由漂流，在新的地方成长为独立的个体。

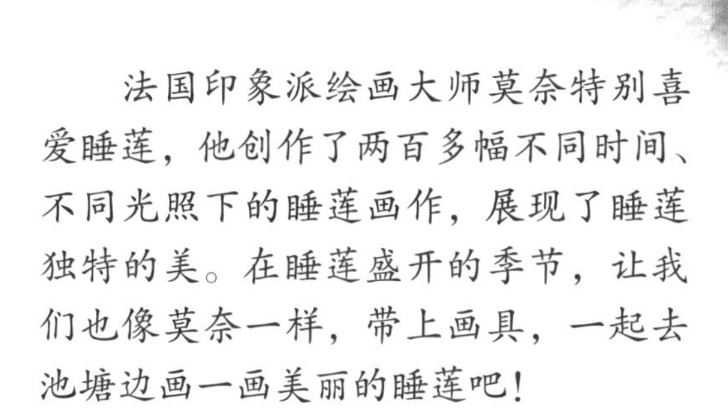

法国印象派绘画大师莫奈特别喜爱睡莲，他创作了两百多幅不同时间、不同光照下的睡莲画作，展现了睡莲独特的美。在睡莲盛开的季节，让我们也像莫奈一样，带上画具，一起去池塘边画一画美丽的睡莲吧！

刺槐

香甜又可口

姓名：刺槐　　昵称：洋槐　　家族：豆科刺槐属

花期：4—6月　　果期：8—9月　　老家：美国东部

用途：食用、蜜源、观赏

刺槐树的荚果

刺槐高大的褐色树干上，长有许多带刺的枝条，枝条上每年会再长出新枝条。嫩绿的叶子，像一片片长羽毛，整齐排列在这些新枝条上。春末夏初时，新枝条上会长出一束束麦穗状的白色花朵，像一群展翅欲飞的“白蝴蝶”，散发着香甜的味道。可千万别错过了这群“白蝴蝶”的花香，春天的味道就藏在里面。

刺槐花作为美食，做法非常多，可以蒸、炒、凉拌，做馅料或用来烙饼等，最经典的做法还是槐花炒鸡蛋。

① 将采摘回来的刺槐花掐成一朵一朵，洗干净，在盐水中浸泡约15分钟。

② 用清水将浸泡后的槐花洗净，并焯水。

③ 将槐花摊开，沥水、晾凉。

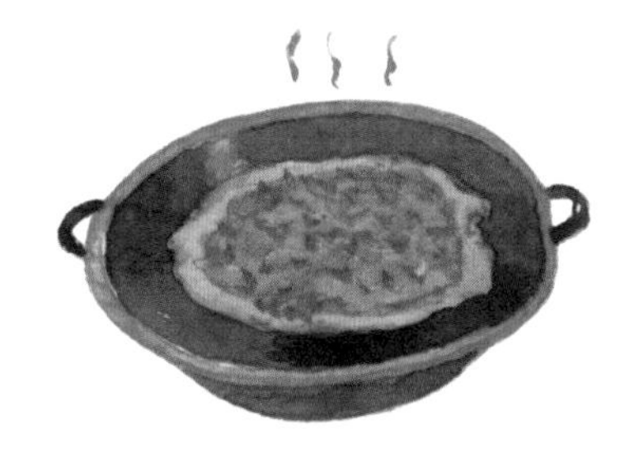

④ 将槐花加入打散的鸡蛋液中，搅拌均匀。油锅烧热后，倒入槐花鸡蛋液，两面煎至金黄，一盘香喷喷的槐花煎鸡蛋就做好啦。

刺槐开花时花朵非常多，含有大量花蜜，是非常好的蜜源植物，可以用来酿制洋槐蜜。洋槐蜜有槐花的天然芳香，香甜可口。

海菜花

姓名：海菜花　昵称：龙爪菜、水白菜、海菜　家族：水鳖科水车前属

花期：5—10月　果期：5—10月　老家：中国广东、海南、广西、四川、贵州和云南

用途：食用、药用、观赏

海菜花是我国特有的珍稀水生植物，具有极高的观赏价值。它繁茂的叶丛沉于水下，薄而宽大的叶片翠绿欲滴，在水中随意荡漾，显得婀娜飘逸。它小巧玲珑的白色花朵在水面盛开，三片白皙的花瓣聚拢在一起，中心是一抹黄色的花蕊，在花蕊的衬托下，花瓣显得更加洁白、清新、高雅。

说起来挺神奇，海菜花竟然可以检测水质！不需要任何仪器，人们通过观察海菜花在水面的分布情况就可以得知水质的状况。没有污染时湖泊中的海菜花非常多，轻度污染时湖泊中的海菜花会逐渐消失，中、重度污染时湖泊中的海菜花则会完全消失。原来，海菜花对水质极其敏感，它只能生长在透明清澈的水体中，难怪它被称为“环保菜”！

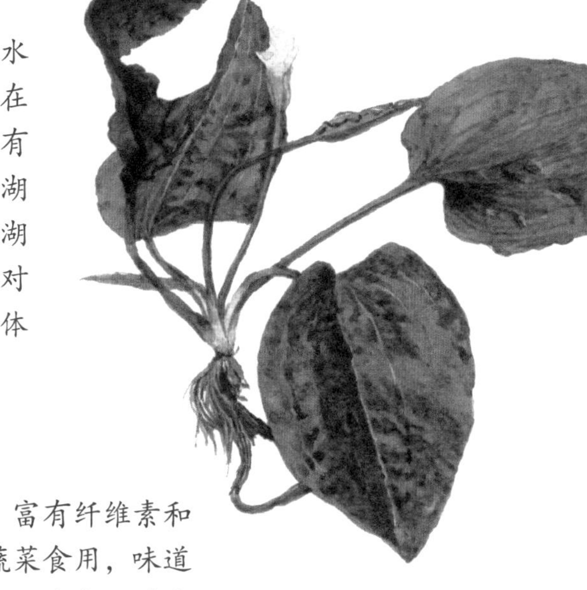

海菜花蛋白质含量丰富，富有纤维素和多种维生素及微量元素。作蔬菜食用，味道鲜爽甘香，这么美味的食品，云南大理的白族人很久以前就开始食用了。海菜花还是一种传统中药材，入药可以治疗很多种疾病。

用海菜花做成的海菜花芋头汤

20世纪60年代以前，人们还能在云南、广西等西南地区欣赏到海菜花如星星般铺满水面的壮丽场景，尤其是云南滇池的海菜花，美丽壮观，极负盛名。而到了20世纪80年代，由于围湖造田、湖泊污染、大量放养草鱼等因素，海菜花数量急剧减少，逐渐从湖体中消失，现在的海菜花已经是濒危植物了。

幸运的是，人们已经对海菜花展开保护与栽培，进行了引种和迁地保护，滇池的海菜花也回植成功。期待在不久的将来，可以再次欣赏到海菜花铺满水面的优美场景。

水面上的野生海菜花

蜀葵

姓名：蜀葵　　昵称：一丈红、麻秆花、棋盘花、端午锦

家族：锦葵科蜀葵属　　花期：2—8月　　果期：8—9月

老家：中国西南地区　　用途：药用、观赏

有这样一种植物，一长就是一两米高，一开花就是密密麻麻的一长串，花量一串可达上百朵，它就是蜀葵。原产于四川的蜀葵，花儿有很多颜色，紫的、红的、粉的、白的；花期也很长，可以开满一整个夏天。在农村，人们常用它来当绿篱。

蜀葵的种子

蜀葵的花凋谢后，就可以看到它的果实。

蜀葵的叶子

在一千多年前，蜀葵是皇室花卉，唐代以后才慢慢步入寻常人家，后又通过丝绸之路，开遍世界各地。蜀葵花大色艳，朝开暮落，每天都开新花，有追逐光明之意。

从蜀葵花瓣中提取的紫色素，是一种安全无害的天然染料，可作为食品着色剂。我国古代医书中有记载，蜀葵花可用于制作胭脂。

蜀葵花和木槿花很像。相传明代，日本使者来到中国，看到蜀葵花，还以为是木槿花，得知是蜀葵后，写了一首诗："花如木槿花相似，叶比芙蓉叶一般。五尺栏杆遮不尽，尚留一半与人看。"

其实蜀葵和木槿的叶片和茎还是很不一样的。蜀葵的叶片表面有茸毛，而木槿的叶片是光滑的；蜀葵虽然长得高，其实还是草本植物，但木槿却是木本植物，二者的茎自然也就不相同啦。

泡桐

姓名：泡桐　昵称：大果泡桐　家族：泡桐科泡桐属

花期：3—4月　果期：7—8月　老家：中国安徽等地

用途：食用、做乐器、观赏

清明节前后，泡桐花盛开了。高大的树木上面，新长出的枝丫有着茸茸的细毛，摸起来很舒服。枝丫上绽放的花朵像张开的嘴唇，长长的花筒酷似小喇叭，三五朵簇拥在一起，似乎在说悄悄话。花的颜色为紫色或白色，花朵的腹部有两条竖着的褶皱，像小水沟，仔细观察里面，还有深紫色的斑点和淡淡的黄色。千万别小看这两条褶皱，花儿的小秘密可都藏在里面。

泡桐果实有像木头一样硬硬的外壳，成熟后会裂开，里面有许多小种子。

拾起掉落在地上的新鲜泡桐花朵，掰开毛茸茸的花托，花朵的底端沾着晶莹剔透的液体，将花瓣放在嘴里轻轻一吸，甜甜的味道会在嘴里散开，这就是花蜜。花蜜藏得这么深，蜜蜂怎么去采蜜呢？还记得那两条小水沟一样的竖褶皱吗？它们在这个时候就起作用了！张开的花瓣是蜜蜂进入花朵的路口，竖褶皱是路线，紫色的斑点和淡淡的黄色是路标，蜜蜂沿着路线，看着路标，不断爬向花朵的底端，就能找到花蜜了。

泡桐花美食——蒸桐花

① 采摘即将开放的泡桐花苞，洗干净，沥干水分。

② 给沥干的泡桐花淋上色拉油。

③ 加入盐和面粉，搅拌均匀。

④ 将拌好的泡桐花放入蒸笼，大火蒸15分钟左右。

⑤ 关火出锅，香喷喷的蒸桐花就做好了。

含笑花

有果香味儿

姓名：含笑花　　昵称：香蕉花、含笑　　家族：木兰科含笑属灌木

花期：3—5月　　果期：7—8月　　老家：中国华南南部

用途：药用、观赏

在杨树叶没有全绿、油菜花仍然飘香的季节，含笑花悄悄地开放了。低调中似乎又生怕别人瞧不见，于是这黄绿色不太起眼的花，把铆足的劲儿一股脑儿都用到香味上去了。那香气四溢，使人隔着十米八米都忍不住问："什么花？好香啊！"这香味像香蕉又像甜瓜，尤其是到了宁静的晚上，香味更加浓郁。原来，含笑花是靠香味吸引夜间活动的甲虫等昆虫来替自己传粉的。

含笑花是腋生的，藏在叶腋，开的时候也十分含蓄，并不全开，因此得名“含笑花”。

含笑花的雌蕊群基部有一小节柄，这可是鉴别含笑属植物的重要特征。

有人说含笑花的香味闻着像香蕉，也有人说像甜瓜，还有人说像菠萝。

把半开的花穿成串儿，挂在车里、脖子上，香味可以保持很久。

含笑花是小灌木，在很多地方通常能长到两三米，但在原产地它可是大高个儿，能长到二十多米呢！

兜　兰

姓名：兜兰　昵称：拖鞋兰、仙履兰　家族：兰科地生植物、半附生植物或附生植物

花期：花期长，四季均有开花种类　果期：无

老家：亚洲热带地区至太平洋岛屿，中国西南至华南地区　用途：观赏

兜兰属植物的花十分奇特，上面的花瓣直挺着，像一个警觉的哨兵；两侧的花瓣像一对翅膀，随时准备起飞一般；下面的花瓣向上弯曲，呈现兜状，好似一个倒挂着的拖鞋，兜兰因而也叫拖鞋兰、仙履兰。可千万不要小瞧了兜兰的“小兜子”，它的作用大着呢！

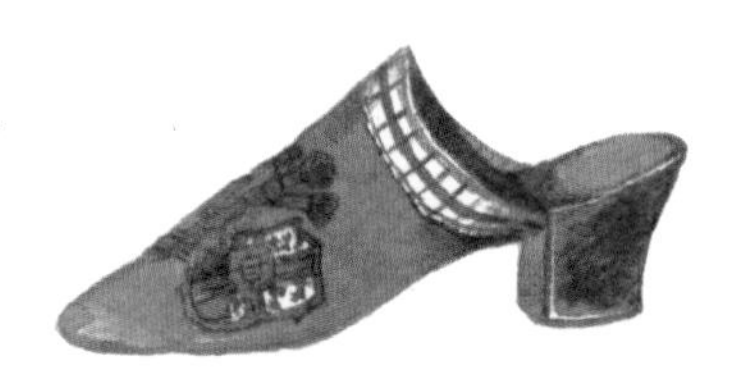

兜兰的兜状与十九世纪的欧式女鞋很像。

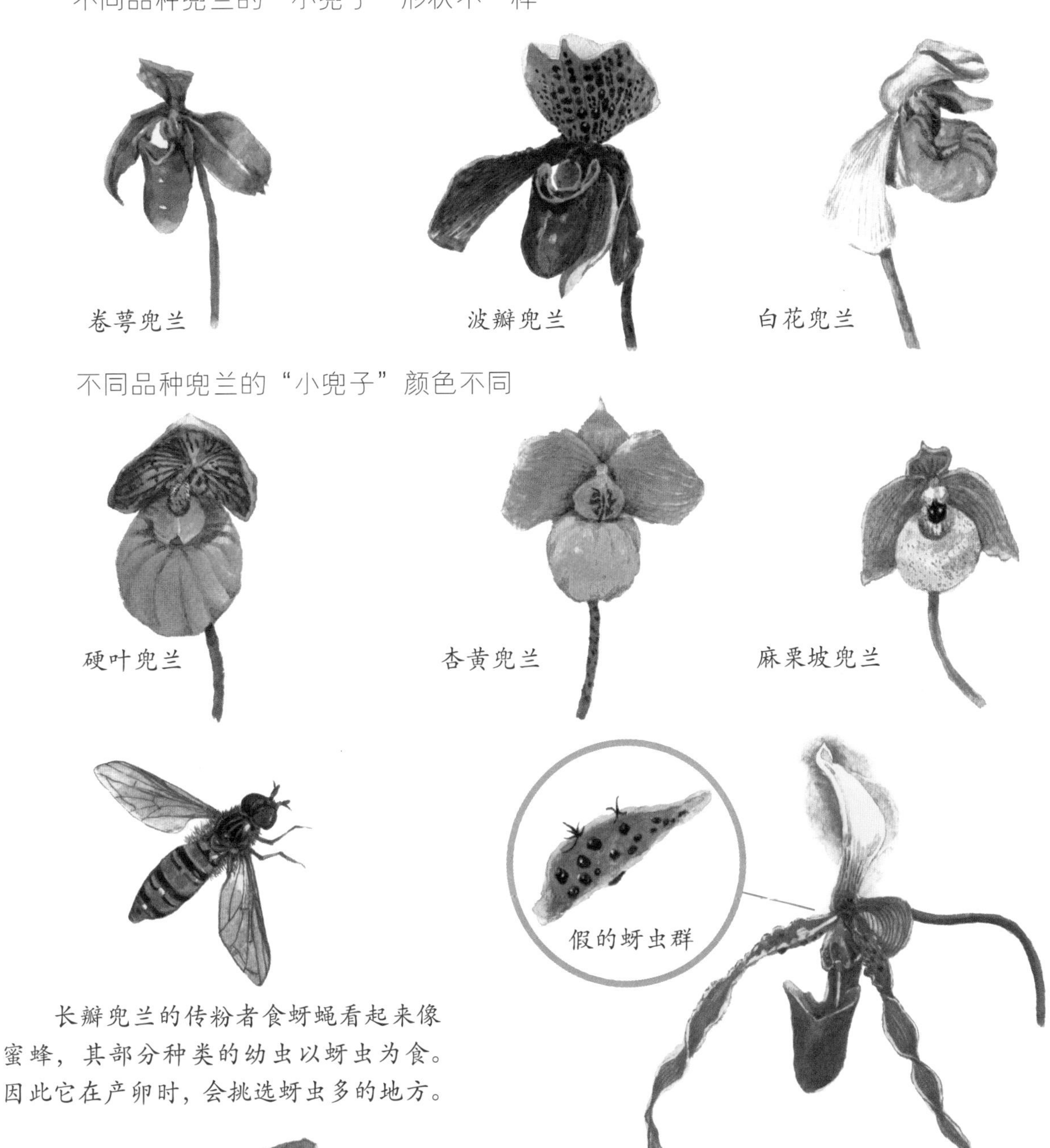

长瓣兜兰的传粉者食蚜蝇看起来像蜜蜂，其部分种类的幼虫以蚜虫为食。因此它在产卵时，会挑选蚜虫多的地方。

聪明的长瓣兜兰会在花瓣基部“画”出星星点点的“蚜虫”群，伪装成食蚜蝇的产房，诱骗食蚜蝇来这里生宝宝。

食蚜蝇看到长瓣兜兰，兴冲冲地飞去，结果假“产房”太滑了，根本没有可以下脚的地方。当它看到不远处有个落脚处，结果却是长瓣兜兰用退化的雄蕊设置的诱敌深入的机关，食蚜蝇刚一降落就掉进了长瓣兜兰的“小兜子”。等到食蚜蝇费尽力气爬出来的时候，背上已经沾满了长瓣兜兰的花粉。就这样，长瓣兜兰成功骗得食蚜蝇为自己传粉！

蒜香藤

有大蒜味儿

姓名：蒜香藤　昵称：紫铃藤　家族：紫葳科蒜香藤属

花期：8—12月　果期：9月至次年1月　老家：南美洲的圭亚那和巴西

用途：药用、食用、观赏

蒜香藤是一种美丽的植物，开花的时候，深深浅浅的紫色花朵分布在蜿蜒的藤上，在绿油油的叶子衬托下，显得高雅而别致，给人一种浪漫的气息。它的花朵像一个个小铃铛，因此也叫紫铃藤。

听到蒜香藤这个名字，你或许第一反应就会想到大蒜，拥有如此柔美花朵的植物，为什么会叫蒜香藤呢？因为蒜香藤的花和叶子具有蒜香味，不过自然状态下只是有淡淡的蒜味，只有在被揉搓或者是受伤时，才会发出浓郁的蒜香味。

花开时节，蒜香藤淡淡的蒜香味飘散四周，真是奇特。它不仅有蒜香味，而且真具有大蒜的成分，甚至可以作为蒜的替代物用于烹饪，同时具有丰富的药用价值。

蒜香藤的花

大蒜

蒜香藤花多色艳、枝叶茂密，盛开时，仿佛垂挂着团团的粉色绣球，是极具观赏价值的植物，既适合种成花廊，也可以让其攀爬在花架、墙面、围篱上。

天然拥有大蒜味，是蒜香藤非常有效的防身武器，让它几乎百虫不侵。

蝴蝶花

像蝴蝶一样

姓名：蝴蝶花　昵称：日本鸢尾、兰花草、扁担叶　家族：鸢尾科鸢尾属

花期：3—4月　果期：5—6月　老家：日本、中国中南部　用途：药用、观赏

每年春天，老房子屋后总会有一大片一大片像蝴蝶一样的花，有蓝色的、白色的，它就是蝴蝶花。最外层的花瓣上面有着明亮的橙黄色，这抹橙黄色不单是好看，还是花儿与小蜜蜂之间的暗号，意思是：这里面有花蜜，快来吃呀！收到信号的小蜜蜂，就会钻进去吃花蜜。小蜜蜂吃花蜜的过程中会沾上花粉，由此可以为花传粉。其实，蝴蝶花最上面的细细的“花瓣”是雌蕊，雄蕊就悄悄藏在雌蕊下面呢。

有的地方把它叫作鸭子花，因为它的根部扁扁的，像鸭子的脚掌。

人们常用蝴蝶花的叶片做豆豉，所以它也叫豆豉草。

①黄豆煮熟，滤水备用。

②把蝴蝶花叶子洗净，铺放在筲箕中。

③将煮好的黄豆倒在蝴蝶花叶子上，再用蝴蝶花叶子将黄豆盖严实。在高温环境下静置发酵2～4天，即可得到豆豉。

④将干净的蝴蝶花叶子和粽叶在土坛中泡三四天，捞出蝴蝶花叶子和粽叶，把发酵后的豆豉放入泡坛中。

⑤加入老姜丝、盐、辣椒面、白酒等调味料，美味的水豆豉就大功告成了。

收集蝴蝶花，把里面的雌蕊揪出来倒插回去，再把花放在水里，它就像小鸭子在水里漂。和小伙伴们比赛，看谁的小鸭子花船游得稳当且快。

鸡蛋花

好像熟鸡蛋

姓名：鸡蛋花　　昵称：缅栀　　家族：夹竹桃科鸡蛋花属

花期：5—10月　　果期：7—12月　　老家：墨西哥

用途：药用、食用、观赏

西双版纳傣族人家的院子里常种有许多热带植物，其中便有鸡蛋花。鸡蛋花的叶片一簇一簇生于枝头，花开时冠白心黄，就像切开的熟鸡蛋一样。鸡蛋花凋谢的时候不像其他花一瓣一瓣地枯萎脱落，而是一整朵一整朵地落。清早去院子里将鸡蛋花拾回放在屋子里，屋子里一整天都会萦绕着花香。爱美的傣族阿姐常把鸡蛋花戴在耳后，花美人也俊。

鸡蛋花不仅生得好看，还可以做成美食。

油炸鸡蛋花

①将鸡蛋花用清水洗净后控干。

②用鸡蛋、玉米淀粉、面粉和少许的盐调成面糊，将鸡蛋花放入面糊中挂浆。

③锅中放油加热，等油温升高，将挂好浆的鸡蛋花放入油锅里炸熟。

④一盘酥香的油炸鸡蛋花就出炉了，再蘸点椒盐、辣椒油就更加美味了。

鸡蛋花中的芳香油，可以用来熏制香精，制成高级化妆品和香皂。

入冬的时候，花和叶都落完了，鸡蛋花树光秃秃的，树干弯曲，枝条泛着白色，不认识的人还以为它是塑料树。

常春油麻藤

是雀还是花

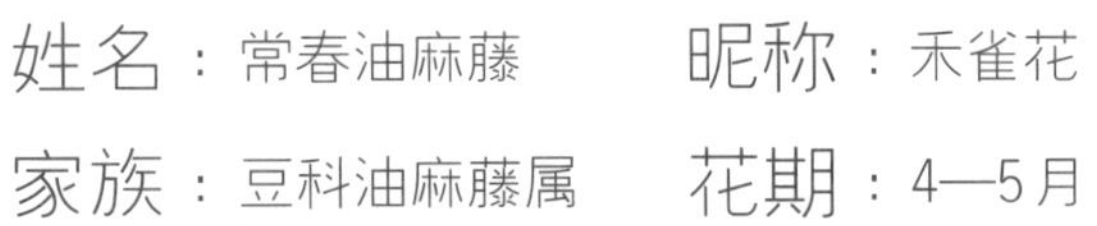

姓名：常春油麻藤　　昵称：禾雀花

家族：豆科油麻藤属　　花期：4—5月

果期：8—10月　　老家：长江流域以南地区

用途：园林观赏；茎藤药用；茎皮可织草袋及制纸

常春油麻藤为羽状复叶，每一个叶柄上着生三枚小叶片。

每年四月份，进入花期的常春油麻藤，其粗壮的枝干上挂起一串串紫色的“葡萄”，这是它的花序，花序上缀满鸟雀一样的花朵，“雀儿”们姿态各异，三五成群聚在一起，像是在歇息，又像是在交谈着什么，真是可爱又有趣。

廊架上的藤蔓，纵横交织、绿叶层叠，是夏天里一道天然的绿色屏障，将灼热的阳光阻隔在外。如果藤蔓缠绕到一棵树上，会是另一番景象——在这场无声的搏杀中，最终占据上风的往往是常春油麻藤，因此，常春油麻藤有“绞杀植物”的别称。

花萼：“小鸟”的嘴

旗瓣：“小鸟”的头部

翼瓣：“小鸟”的翅膀

龙骨瓣：“小鸟”的尾巴

因花朵形似小鸟，常春油麻藤又被叫作“禾雀花”。仔细观察常春油麻藤的花朵，还真是像一只活灵活现的鸟雀，头、嘴、翅膀、尾巴一应俱全，对照来看，就是花萼为嘴，旗瓣为头，翼瓣为一对翅膀，龙骨瓣合在一起为尾部。

常春油麻藤的花蕊暗藏在紧闭的龙骨瓣里，研究人员发现，只有受到一定的外力时，龙骨瓣才会打开，弹出弯曲在里面的花蕊，蜜蜂、蝴蝶之类的昆虫显然无法做到，需要力气更大一些的哺乳动物才行，其中就包括松鼠。

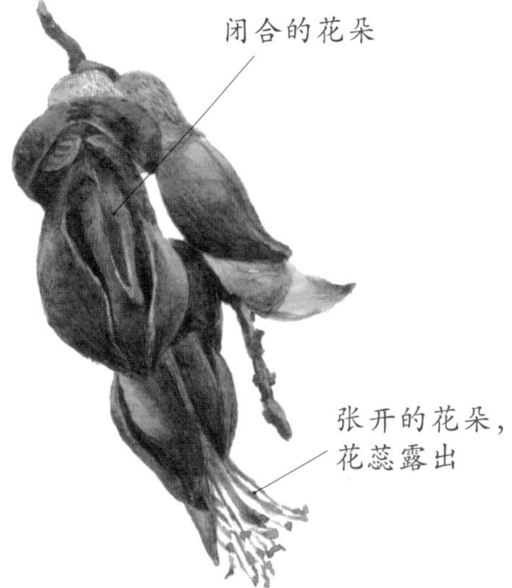

独特而浓郁的气味吸引松鼠前来，为了取食花朵基部的花蜜大餐，松鼠用力拱开旗瓣，同时受力的翼瓣和龙骨瓣弹出花蕊，花粉随之沾到松鼠身上。

生命力极强的常春油麻藤有两大杀手锏：一是发达的根系，为向外扩张的枝叶提供源源不断的水分和养分；二是绳索一样长长的藤蔓，缠绕到大树上的藤蔓会迅速占领制高点，以获取更多的阳光。随着时间的推移，在水分、养分、阳光争夺战中统统处于下风的大树，最终将会成为常春油麻藤网状藤蔓里一段失去生命力的木桩。

石蒜

花叶不相见

姓名：石蒜　　昵称：灶鸡花、平地一声雷、曼珠沙华、彼岸花、蟑螂花、两生花等

花期：8—9月　　果期：10月　　家族：石蒜科石蒜属

老家：尼泊尔、中国、韩国　　用途：药用、观赏

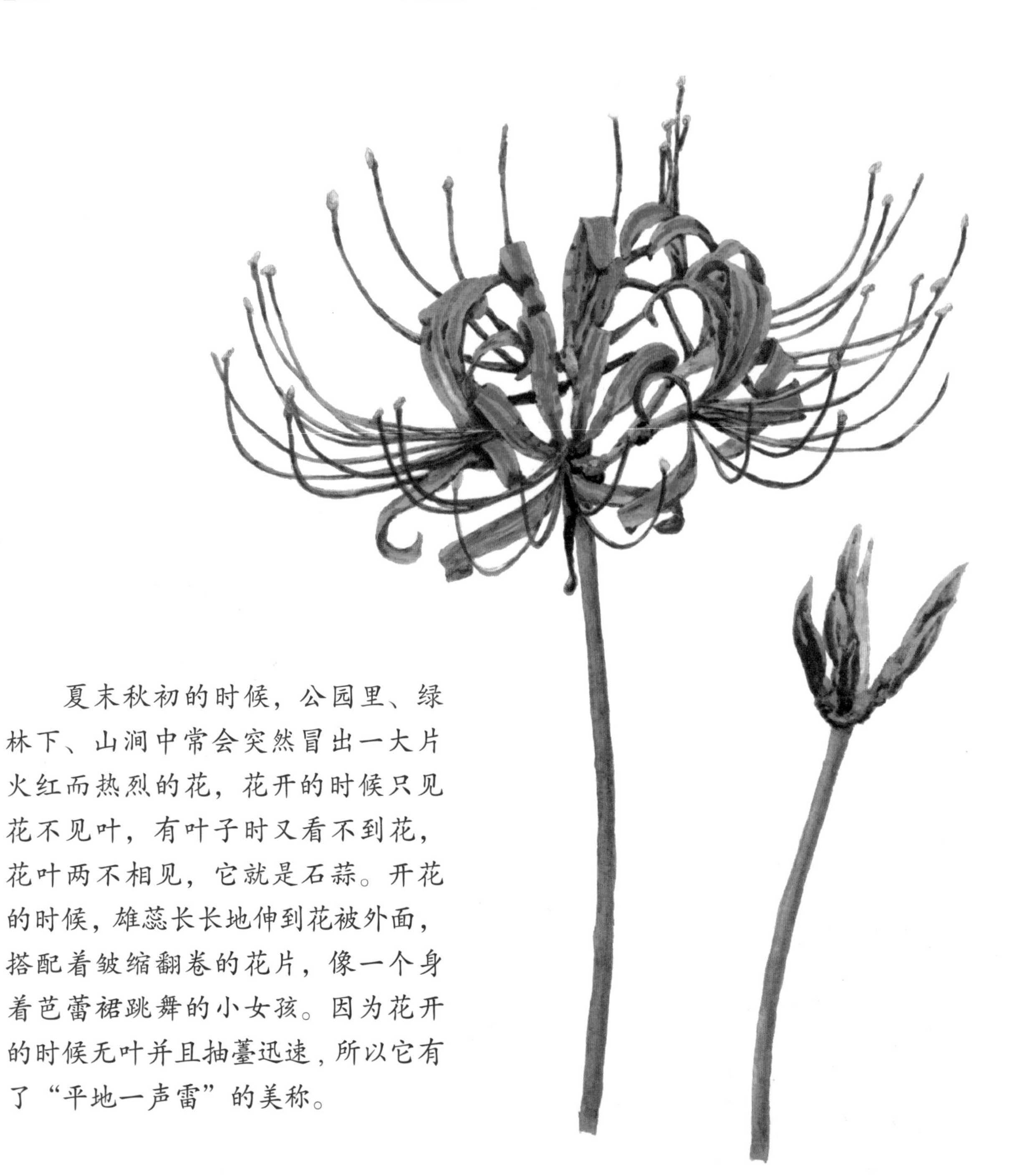

夏末秋初的时候，公园里、绿林下、山涧中常会突然冒出一大片火红而热烈的花，花开的时候只见花不见叶，有叶子时又看不到花，花叶两不相见，它就是石蒜。开花的时候，雄蕊长长地伸到花被外面，搭配着皱缩翻卷的花片，像一个身着芭蕾裙跳舞的小女孩。因为花开的时候无叶并且抽薹迅速，所以它有了“平地一声雷”的美称。

石蒜与大蒜

虽然名字中有个“蒜”字，但是它跟我们平时吃的大蒜可不是同一种。若是不小心误食了石蒜，虽说不致命，但上吐下泻的滋味也不好受。于是老一辈人称它为“打破碗花”，意思就是摸了它会打破碗，小孩子一听就不敢乱摸了。

石蒜的鳞茎有毒性，可作为土农药杀灭害虫，所以又被称为“蟑螂花”。

和石蒜同时期开花的“姐妹”

忽地笑和换锦花

亮黄色的忽地笑，让人忍不住想起回眸一笑的明媚少女；粉色的换锦花，则多了一丝娟秀。二者和石蒜一样都是来自一个大家族，也是属于花叶不相见的植物。

石蒜类植物兼有观赏和药用价值，有“中国郁金香”的美誉。石蒜不仅花美，其叶也具有观赏价值，尤其是叶片刚长出来到长成的阶段，一丛一丛的叶子，直挺挺地立着，外形和兰草很像，姿态优雅且美丽。

紫茉莉

不是茉莉的“茉莉”

姓名：紫茉莉　昵称：晚饭花、野丁香、状元花、粉豆花、胭脂花、烧汤花、地雷花等

家族：紫茉莉科紫茉莉属　花期：6—10月　果期：8—11月

老家：热带美洲　用途：药用、观赏

顶着“高脚杯”的紫茉莉花，千万不要被它的名字欺骗了！它和茉莉没有一点亲缘关系，却为何与茉莉重名了呢？原来紫茉莉的花，闻起来香香的，和茉莉的香味很像，所以名字就带了“茉莉”二字。从紫茉莉中的“紫”字可以看出它的花是紫色的，但其实它的花还有黄色、粉色、白色等，可真是一种花和名很不相符的植物！

花色多变的紫茉莉

紫茉莉的果实——“小地雷”

紫茉莉还有一个听了让人害怕的名字——地雷花。不过可不要被它吓跑了，这个“地雷”不仅没有危险，还可以用来做化妆品呢！紫茉莉的果实是带棱的球形，成熟后就变成了黑色，看起来像一个个小地雷。

爱美的女孩子可以捡两朵新鲜的花，摘掉花基部，钩挂在耳朵上，就是紫茉莉耳环了。

将紫茉莉的花朵榨汁，涂在嘴唇上，会像擦了口红一样。

再捡一些“小地雷”掰开，把里面的白粉抹在手上、脸上，皮肤会变得白白的、滑滑的。

昙花

姓名：昙花　　昵称：月下美人、琼花　　家族：仙人掌科昙花属

花期：6—10月　　果期：极少结果

老家：墨西哥、危地马拉、洪都拉斯、尼加拉瓜、苏里南和哥斯达黎加

用途：药用、食用、观赏

昙花是种很奇特的花，在自然状态下，人们要想欣赏到它的美丽，只能等到晚上才可以。因为昙花只在晚上开放，它雪白的花瓣在月色中玲珑剔透，如仙女在空中飘舞，而且香气扑鼻，所以它还有个名副其实的名字，叫作“月下美人”。

昙花一般从晚上八九点初开，经过四到八个小时就凋谢了，过程美丽而短暂。

昙花属于附生肉质灌木，主要生长在墨西哥等国的热带森林中。昙花夜间开放，是因为在原产地，它们的传粉媒介是夜间活跃的蝙蝠和昆虫（天蛾）。昙花硕大的花朵、芳香的气味和充足的花蜜，能够很快地吸引这些夜行动物。

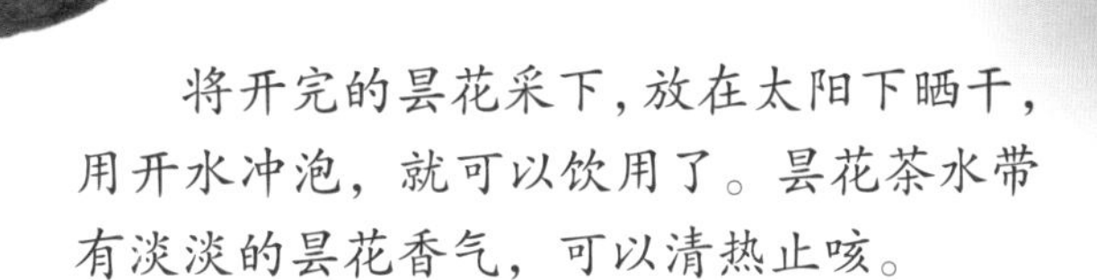

将开完的昙花采下，放在太阳下晒干，用开水冲泡，就可以饮用了。昙花茶水带有淡淡的昙花香气，可以清热止咳。

此外，昙花还可以食用，而且有着不错的口感。

美味的昙花汤

人工栽培的昙花

山茶

姓名：山茶　　昵称：洋茶、茶花、耐冬、曼陀罗　　家族：山茶科山茶属

花期：10月至次年4月　　果期：9—10月

老家：中国台湾、四川、山东、江西等地有野生种，国内各地广泛栽培

用途：药用、观赏、工业等

山茶的花朵接近圆形，花姿丰盈，端庄高雅，有红、白、粉、黄、紫等多种颜色。它原产中国，是我国传统十大名花之一，被誉为“花中珍品”。

我国是世界上最早驯化和观赏山茶花的国家。我国栽培山茶花的历史自三国时期开始，到了宋代，栽培山茶花已经十分盛行。至清代，新的茶花品种不断问世。现今，山茶花已成为我国冬季花卉市场主要的盆栽观赏花木，深受人们的喜爱。

山茶花有着独特的魅力，它坚韧不畏严寒，优雅而不造作，美丽清新却又平易近人，总能成为引人欣赏的焦点。

山茶花的几个品种

宫粉

贝拉大玫瑰

乔伊肯德里克

山茶花不仅是我国的传统名花，也是世界名花。远渡重洋，传遍世界的山茶花，也受到了各国人民的喜爱。

山茶花规则排列的花瓣和接近圆形的花形，美丽独特，它的形象成了各种饰品的设计元素，也常被运用在服装设计上。

有着山茶花形象的饰品

印有山茶花图案的服饰

醉鱼草

能让鱼儿醉

姓名：醉鱼草　　昵称：闭鱼花、药鱼子　　家族：玄参科醉鱼草属

花期：4—10月　　果期：8月至次年4月

老家：中国长江流域以南地区　　用途：观赏、捕鱼用

醉鱼草的枝条柔软多姿，紫色的穗状花序自然下垂，随风舞动，极富野趣。醉鱼草的花不仅花色鲜艳，花香宜人，而且花期超长，从春到秋绵延不绝，又能吸引蝴蝶，现已成为园林景观造景中不可或缺的香花引蝶灌木，是优良的观赏植物。古人还借助醉鱼草来捕鱼，让鱼儿像喝醉酒了一样，乖乖束手就擒。

醉鱼草的穗状花序，上面排列着一朵朵紫色的小花，花冠裂片四片，花冠管较长。

醉鱼草的植株上时常可以看到美丽的蝴蝶翩翩起舞，花开蝶飞的景象热闹极了。

醉鱼草的植株里含有一些特殊物质，能使鱼儿在短时间内被麻醉，就像喝醉酒了一样晕过去，便于捕捉。

①将醉鱼草植株捣碎，流出乳白的汁液。

②将植株放入水中，等待汁液当中的有效成分释放出来。

③你会看到：水里原先活蹦乱跳、游来游去的鱼儿，行动变迟缓，最后慢慢浮上水面，肚皮上翻。

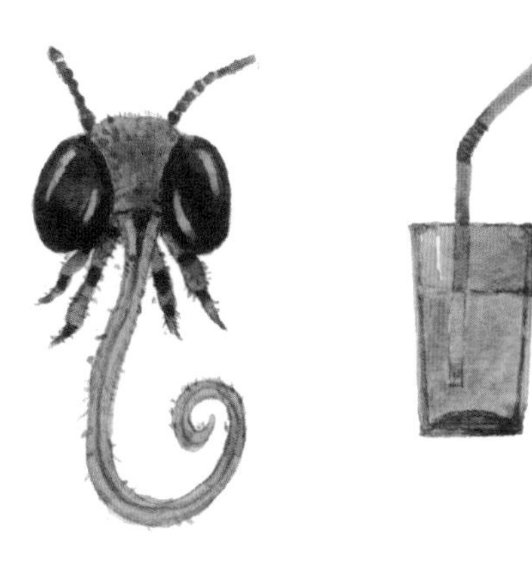

醉鱼草艳丽的花色，清幽的花香，对蝴蝶有着很大的吸引力，蝴蝶的虹吸式口器犹如一根收卷自如的吸管，与醉鱼草花富含花蜜的花冠管特别契合。蝴蝶停歇在穗状花序上，将口器伸入花冠管底部，就可吸食醉鱼草提供的花蜜大餐，同时蝴蝶也完成了替花儿传粉的任务。

木槿

实用的天然篱笆

姓名：木槿　昵称：朝开暮落花、鸡肉花、篱障花　家族：锦葵科木槿属

花期：7—10月　果期：9—11月　老家：中国中部地区　用途：观赏、绿篱材料

夏至时节，木槿花开，绉纱质地的粉色花儿开满枝头，灿若云霞，格外美丽。木槿有个古老的名字叫“舜华”，意思是开花短暂。清晨迎着第一缕阳光盛开，傍晚凋谢，接下来的每一天都会有新的花朵前赴后继，一朵接着一朵，从夏至到仲秋，花开不断，像接力赛一样配合默契。

美丽的木槿，还有不少妙用：肉质花瓣可以用来制作成味道鲜美的花粥；菱形的叶片可以用来洗护头发；田间地头，成排的木槿是好看又实用的天然篱笆。

单瓣木槿

木槿的种子

重瓣木槿

摘几片木槿的叶子，动手制作木槿洗发液。

木槿的叶片里含有皂苷类物质，加水揉搓会起泡，可以用来做天然洗发液。

①摘取适量的木槿叶片，洗净待用。

②将叶片剪碎，用纱布包好。

③将纱布包放入温水中，轻轻揉搓起泡后，就可以开始洗头发啦。

木槿的枝条柔软有韧性，扦插易成活，耐修剪，人们常常将它种成菜园的篱笆。来试试扦插繁殖吧。

①剪取一段木槿顶部的枝条，长度15厘米左右，摘掉叶片，仅保留顶端的三四枚小叶片。

②选用透明玻璃瓶，加入5厘米左右高度的水，将枝条插入水中。

③将玻璃瓶放置在室内明亮处（阳光直射不到的地方），每天换水，两周左右便可长出根须。

桔梗

挂着小铃铛

姓名：桔梗　　昵称：僧帽花、铃铛花　　家族：桔梗科桔梗属

花期：7—9月　　果期：8—10月

老家：中国、朝鲜、日本、俄罗斯的远东和东西伯利亚地区的南部

用途：观赏、药用

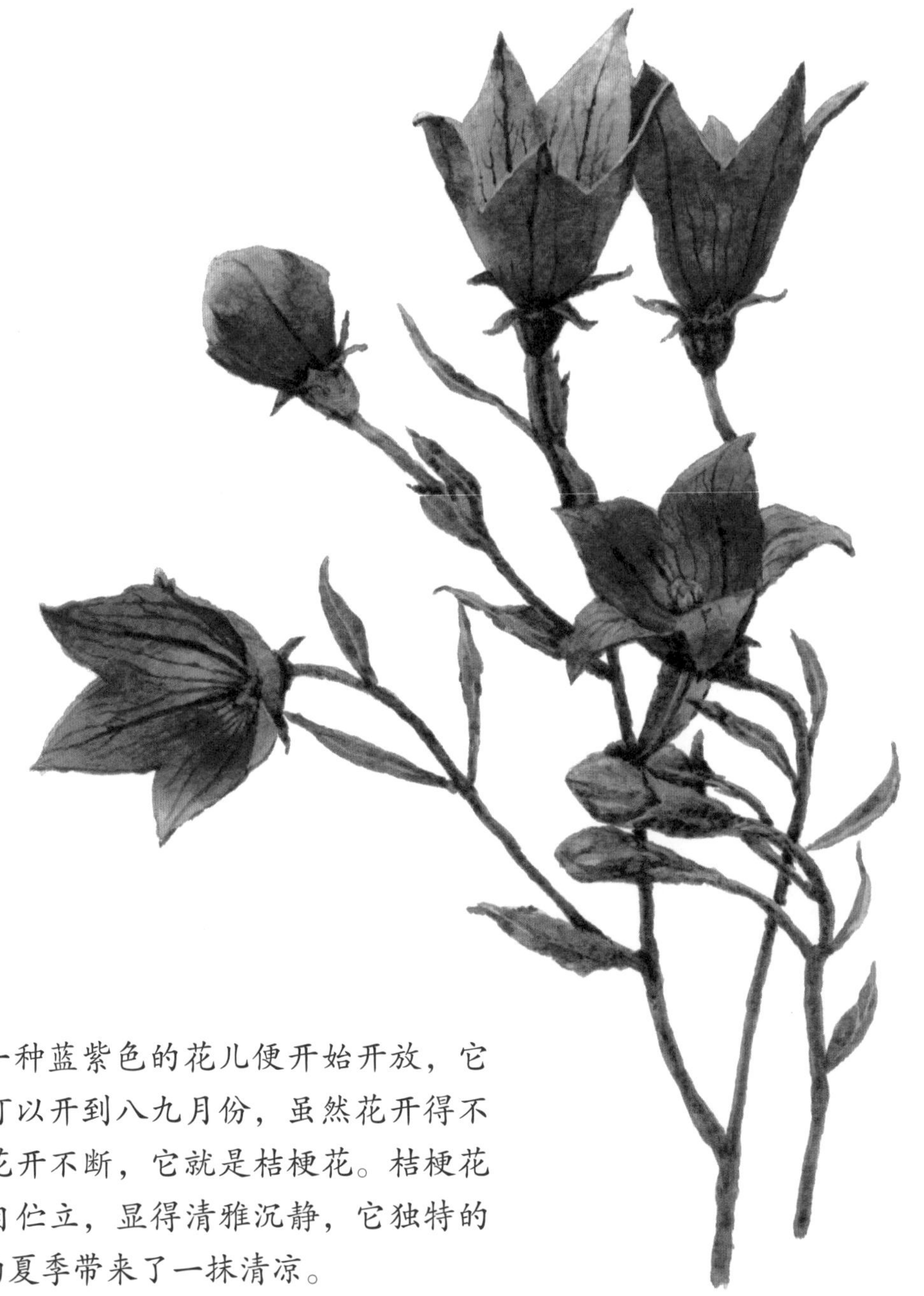

每到初夏，一种蓝紫色的花儿便开始开放，它不畏酷暑，一直可以开到八九月份，虽然花开得不那么茂密，但是花开不断，它就是桔梗花。桔梗花开放的时候，独自伫立，显得清雅沉静，它独特的蓝紫色也给炎热的夏季带来了一抹清凉。

桔梗花没有完全开放的花苞很有趣，看着有点像鼓鼓的小铃铛，又像是古代僧侣戴的帽子，桔梗花也因此有“铃铛花”和“僧帽花”的称谓。

桔梗和甘草一起做成的甘草桔梗汤能清肺祛痰，利咽排脓。用桔梗、甘草、金银花为原料，加上蜂蜜和柠檬汁做成蜂蜜柠檬柑橘饮，也是很不错的饮品。

桔梗泡菜是一道很有名的菜品，是用桔梗的根做的，在中国东北地区被称为“狗宝”咸菜。

桔梗的根

密蒙花

米饭调色剂

姓名：密蒙花　　昵称：黄饭花、染饭花、羊耳朵　　家族：玄参科醉鱼草属

花期：3—4月　　果期：5—8月　　老家：中国云南等地

用途：药用、染色、观赏

春天的脚步走近时，密蒙花像“报信使者”，用柔弱的枝条托着重重的花序，枝头开满密密麻麻的粉紫色小花，散播着春回大地的消息。密蒙花是我国野外常见的乡土植物，适应环境的能力非常强，在石灰岩山地也能生长。它的叶子背面和花序上都有一层灰白色的茸毛，摸起来毛茸茸的，很舒服。茎皮纤维很坚韧，可以当作造纸的原料。开花时，小而多的花聚集在枝头，像一把聚合的伞，散发着芳香。

紫色的花冠内是明亮的黄色，非常显眼。米饭的天然调色剂就藏在这一朵朵的小花中，因此它又被称为“染饭花”“黄饭花”。

密蒙花气味清香，是做黄色糯米饭的原料。

①采摘新鲜的密蒙花，清洗干净，放入锅中，加水煮沸，水变黄后关火。

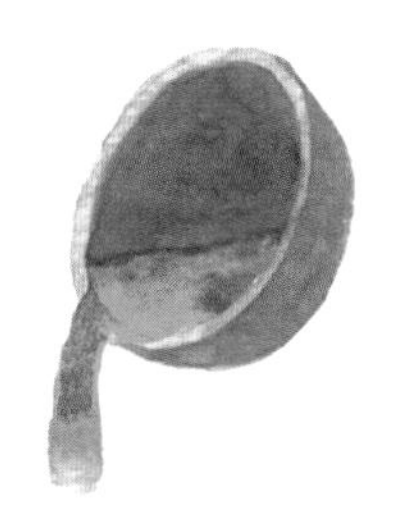

②待煮好的水冷却后，将残渣过滤掉，只留干净的花水。

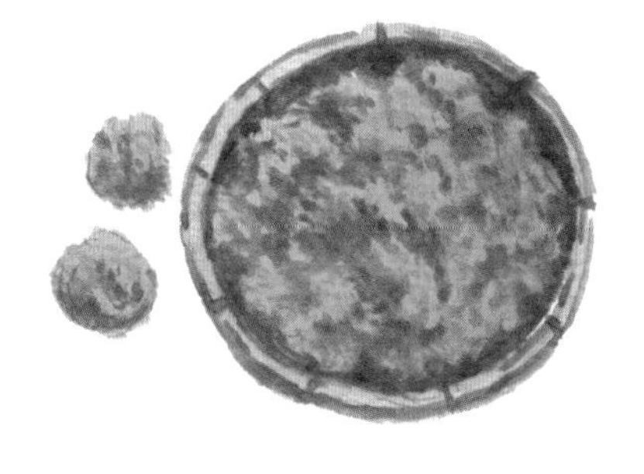

③将白色糯米淘洗干净，沥干水，放入花水中浸泡五六个小时，等米颜色亮黄即可。把泡好的糯米沥干，放入蒸锅，蒸熟关火，一锅芳香四溢的黄花饭就做好了。

除了黄花饭，有些地区每逢三月三、清明等节日时，会用密蒙花、红蓝草、枫香等植物制作的染液浸泡糯米，制作黄、黑、红、白、紫五色糯米饭，象征五谷丰登。

马兜铃

像个马铃铛

姓名：马兜铃

昵称：水马香果、蛇参果、野木香根、定海根

家族：马兜铃科马兜铃属

花期：7—8月　　果期：9—10月

老家：中国黄河至长江流域

用途：药用

古代马脖子下挂的铃铛

马兜铃的花非常奇特，花冠像漏斗，下面弯弯曲曲地延伸着，突然又出现一个明显的圆形突起，整个花朵形状像极了古代马脖子下的铃铛，这也是“马兜铃”名称的由来。马兜铃是一种很有用的药用植物，同时它的奇特造型也给我们留下了深刻的印象。如果你了解了马兜铃特殊的传粉方式，你会觉得这个造型称得上“精妙”二字。

马兜铃的果实

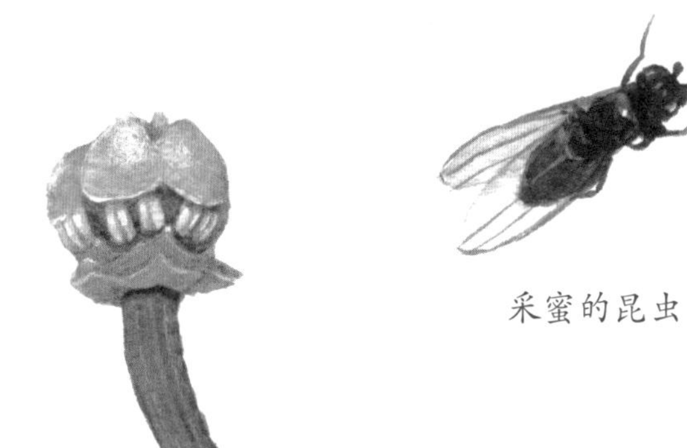

花蜜储藏处

采蜜的昆虫

马兜铃的花冠筒中分布着长长的毛，花冠筒下面那个圆圆的突起叫作“花蜜储藏处”，马兜铃的雌蕊、雄蕊也都藏在花蜜储藏处。通往花蜜储藏处的花冠筒内壁分布着密密麻麻的腺毛，当昆虫来寻找花蜜的时候，必须要穿过这些腺毛，恰好这些腺毛一根根地朝花蜜储藏处的方向倾斜，长腺毛便成了昆虫的“滑滑梯”，昆虫很容易就能吸食到美味的花蜜。当昆虫吃饱喝足之后想离开，却发现这些腺毛成了一根根挡路的刺毛。别着急，昆虫只是暂时被关了“禁闭”。等马兜铃的花粉成熟散粉之后，刺毛就倒伏了，这时昆虫就可以带着花粉爬出来了。等昆虫再进入另一朵马兜铃花中时，便完成了传粉的任务。

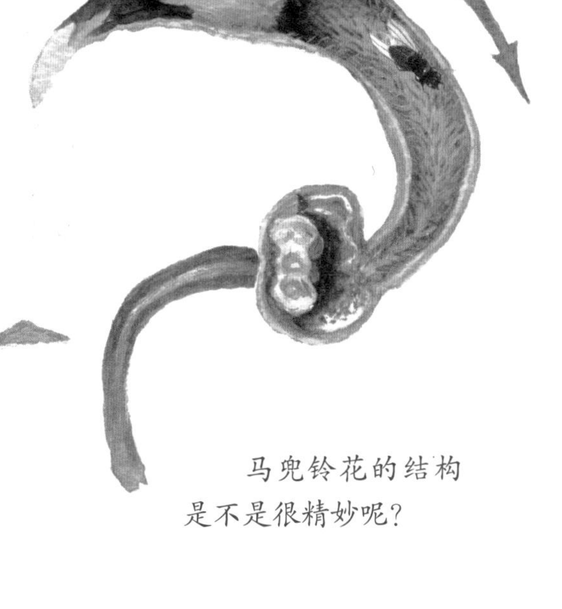

马兜铃花的结构是不是很精妙呢？

龙舌兰

一生只开一次花

姓名：龙舌兰　　昵称：世纪植物　　家族：天门冬科龙舌兰属

花期：不定　　果期：花后结果　　老家：墨西哥、美国西南部

用途：温室栽培观赏，酿酒，叶纤维可制船缆、绳索、麻袋等

在炎热干旱的热带美洲，生长着一种一生只开一次花的植物，它有宝剑般坚硬的叶片，叶缘分布着波状的硬齿，形态看起来很像传说中龙的舌头，于是人们给它起名为“龙舌兰”。

开花对于龙舌兰来说可不是一件容易的事。它会慢慢地长呀长，直至十几年甚至更久的某一天，从叶丛中抽出一根像一棵树一样挺拔的花茎，花茎的分支上布满黄绿色的花儿，远远地看，如同正在上演一场绚烂的烟花盛会，这是龙舌兰一生最美的时刻。

拼尽全力绽放的龙舌兰会逐渐凋亡，花茎上的一个个珠芽是龙舌兰新生命的延续。成熟的珠芽从花茎上掉落下来，遇到适宜的环境便能够成长为新的龙舌兰。

墨西哥的农民会将龙舌兰叶片砍下，砍下的叶片里富含纤维，非常坚韧，不易掰断，可用于制作船缆、绳索、麻袋等，剩下的茎则用来酿酒。

叶片砍掉后的茎像圆圆的大菠萝，里面富含水分和糖分，非常适合用来酿酒。

龙舌兰酒是一种烈性酒，也是墨西哥的国酒。

龙舌兰的花序笔直、粗壮，高度可达七八米，比成人身高高了许多。从抽出花序，长出花苞，打开花苞，到完全绽放，整个过程会持续数月。

龙舌兰的故乡在热带美洲，常在我国华南及西南各地引种栽培。作为大型观赏多肉植物，它也常在植物园的温室里出现。小朋友可以去植物园温室找找龙舌兰，近距离观察哟。

萱草

姓名：萱草　　昵称：忘忧草、母亲花　　家族：阿福花科萱草属

花期：5—7月　　果期：6—7月　　老家：中国秦岭以南的亚热带地区

用途：观赏

初夏，盛开的萱草花，橙黄橙红的色彩格外明亮耀眼。青翠修长的花茎顶端，一朵朵萱草花在夏日的骄阳下尽情舒展，就像绿丛间飞着一只只的蝴蝶，时而翩翩起舞，时而窃窃私语。如果走近观察，你会发现萱草花朵内侧下方有着“倒V形”的有趣图案。

萱草在我国有着悠久的历史，在国人心目中，它既是端庄美丽的母亲花，也是排解忧思的忘忧草。人们喜爱它，欣赏它，将它写进诗里，画进画里。

萱草作为美丽的观赏花卉，所蕴含的美好寓意，深入人心。古代能工巧匠们将萱草作为装饰元素广泛运用到瓷器、刺绣、木雕、绘画等领域。

绘有萱草图案的瓷器

黄花菜来自萱草家族，是大家非常熟悉的一种食用蔬菜。食用部分来自即将开放的花苞，经过蒸、晒等工序，加工而成的干菜，因外观黄褐色，呈细长条状，又被称作“金针菜”。新鲜的黄花菜不可直接食用，烹饪不当容易引起食物中毒。

母亲节给妈妈送花，大家首先想到的可能是康乃馨，其实，早在康乃馨之前，萱草作为我国传统的母亲花已经流传了上千年之久。

古时游子在奔赴远方前，为了表达对母亲的孝心，减轻母亲的担忧和思念之情，会在母亲居住的房屋前种下一片萱草。正是这个缘故，“萱堂”就成为母亲居室的代称，也是母亲的尊称，萱草代表母亲和对母亲的敬爱。

地锦苗

有长长的“尾巴”

姓名：地锦苗　　昵称：尖距紫堇、珠芽尖距紫堇

家族：罂粟科紫堇属　　花期：3—4月　　果期：4—6月

老家：中国长江流域以南地区　　用途：观赏

早春三月，大地回暖，大多数植物在春风的吹拂下缓慢苏醒，树林下的紫堇属植物却早已花开成片，热闹非凡，将林下的空间装点成了紫色海洋。它们花形奇特，宛若精灵出没，其中就包括地锦苗。

地锦苗的花朵，有着长长、尖尖的“小尾巴”，引人无限遐想：是身姿灵巧的鸟雀，随时振翅欲飞，还是跳动的音符，正在演奏悦耳动听的林中曲？你觉得它们像什么呢？

花朵的“尾巴”叫作距，距里储藏着由蜜腺分泌的花蜜，这样用心准备的花蜜，为的是招待重要的客人——传粉昆虫。传粉昆虫降落在匙形的下花瓣上，通过挤压内花瓣，将口器伸入距内吸取花蜜，在此过程中，身上会沾上花粉，顺带帮助地锦苗传播了花粉。

地锦苗生长到一定阶段，叶腋处会长出圆圆的珠芽。可别小瞧了它们，这一颗颗珠芽成熟后掉落到地上，待温度、光照、土壤适宜时，会成长为新的植物个体。

地锦苗叶腋处生长出来的珠芽。

地锦苗知道，一旦大树开枝展叶，形成浓密树荫，林下充足的阳光将不复存在，自己的生长必然受到阻碍，所以它们争分夺秒，抢在大树枝繁叶茂前开花结果，完成短暂而又精彩的生命历程。

栀子

可以来染色

姓名：栀子　昵称：黄栀子、栀子花、小叶栀子、山栀子　家族：茜草科栀子属

花期：3—7月　果期：5月至次年2月　老家：中国山东、河南、江苏等地

用途：观赏、药用、食用

洁白或乳黄的栀子花，支着长长的花梗，像小轮子一样围着中心绕了一圈，看起来十分精神。栀子花开的时候，密密匝匝生在枝头，像挂了许多小型风车。花香老远就能闻到，尤其是重瓣栀子，花更大更香，佩戴于胸前，走到哪儿都是芳香一片。

栀子的果实

栀子结的果为橙黄色，长球形的果实上面像顶着一顶绿色的“皇冠”。果实中的栀子黄素，是可食用的天然颜料。

栀子果实可用于染布、加工化妆品等。

栀子的果实晒干后可泡茶，一两颗栀子果，可以泡出一大桶茶水。

用栀子果来染布吧！

①将栀子果研磨碎，加水煮沸，过滤掉残渣；

②将白布均匀浸泡在染液中，上色两三个小时；

③将布用盐水浸泡半个小时，定色；

④漂洗、晾干，一块栀子黄色的布就染好了。

图书在版编目（CIP）数据

我身边的自然课．花儿 / 刘宏涛编．—武汉：湖北九通电子音像出版社，2023.5

ISBN 978-7-83015-032-7

Ⅰ.①我… Ⅱ.①刘… Ⅲ.①自然科学—儿童读物②花卉—儿童读物 Ⅳ.①N49②S68-49

中国国家版本馆CIP数据核字(2023)第011162号

策划：李　佳
执行策划：高雪倩
主编：刘宏涛
（中国科学院武汉植物园
中国科学院大学）
张莉俊
（中国科学院武汉植物园）
编写：曹承娥　张　凡
刘　洋　魏妮娜
（排名不分先后）
责任编辑：唐　恩
出品人：王万新
设计制作：武汉世纪天达
文化传媒有限公司

绘图：贰柒美图绘
出版：湖北九通电子音像出版社
发行：湖北九通电子音像出版社
印张：4
开本：889mm×1194mm　1/16
版次：2023年5月第1版
印次：2023年5月第1次印刷
印刷：湖北新华印务有限公司
书号：ISBN 978-7-83015-032-7
定价：30.00元
邮编：430070
业务电话：027-87679391
地址：武汉市雄楚大道268号
出版文化城C座19楼